Ernest Renan

L'âme celte

Copyright © 2022 by Culturea
Édition : Culturea 34980 (Hérault)
Impression : BOD - In de Tarpen 42, Norderstedt (Allemagne)
ISBN : 9782382743799
Dépôt légal : Octobre 2022
Tous droits réservés pour tous pays

I

Si l'excellence des races devait être appréciée par la pureté de leur sang et l'inviolabilité de leur caractère, aucune, il faut l'avouer, ne pourrait le disputer en noblesse aux restes encore subsistants de la race celtique[2]. Jamais famille humaine n'a vécu plus isolée du monde et plus pure de tout mélange étranger. Resserrée par la conquête dans des îles et des presqu'îles oubliées, elle a opposé une barrière infranchissable aux influences du dehors: elle a tout tiré d'elle-même, et n'a vécu que de son propre fonds. De là cette puissante individualité, cette haine de l'étranger qui, jusqu'à nos jours, a formé le trait essentiel de ces peuples. La civilisation romaine ne les atteignit qu'à peine et ne laissa parmi eux que peu de traces. L'invasion germanique les refoula, mais ne les pénétra point. À l'heure qu'il est, ils résistent encore à une invasion bien autrement dangereuse, celle de la civilisation moderne, si destructive des variétés locales et des types nationaux. L'Irlande en particulier (et là peut-être est le secret de son irrémédiable faiblesse) est la seule terre de l'Europe où l'indigène puisse produire les titres de sa descendance, et affirmer avec assurance, jusqu'aux ténèbres anté-historiques, la race d'où il est sorti.

C'est dans cette vie retirée, dans cette défiance contre tout ce qui vient du dehors, qu'il faut chercher l'explication des traits principaux du caractère de la race celtique. Elle a tous les défauts et toutes les qualités de l'homme solitaire: à la fois fière et timide, puissante par le sentiment et faible dans l'action; chez elle, libre et épanouie; à l'extérieur, gauche et embarrassée. Elle se défie de l'étranger, parce qu'elle y voit un être plus raffiné qu'elle, et qui abuserait de sa simplicité. Indifférente à l'admiration d'autrui, elle ne demande qu'une chose, qu'on la laisse chez elle. C'est par excellence une race domestique, formée pour

---

[2] Pour éviter tout malentendu, je dois avertir que par le mot celtique je désigne ici, non l'ensemble de la grande race qui a formé, à une époque reculée, la population de presque tout l'Occident, mais uniquement les quatre groupes qui de nos jours méritent encore de porter ce nom, par opposition aux Germains et aux néo-latins. Ces quatre groupes sont: 1° les habitants du pays de Galles ou Cambrie et de la presqu'île de Cornwall, portant encore de nos jours l'antique nom de Kymris; 2° les Bretons bretonnants, ou habitants de la Bretagne française parlant bas-breton, qui sont une émigration des Kymris du pays de Galles; 3° les Gaëls du nord de l'Ecosse, parlant gaëlic; 4° les Irlandais, bien qu'une ligne de profonde sépare l'Irlande du reste de la famille celtique (NDA).

la famille et les joies du foyer. Chez nulle autre race, le lien du sang n'a été plus fort, n'a créé plus de devoirs, n'a rattaché l'homme à son semblable avec autant d'étendue et de profondeur. Toute l'institution sociale des races celtiques n'était à l'origine qu'une extension de la famille. Une expression vulgaire atteste encore aujourd'hui que nulle part la trace de cette grande organisation de la parenté ne s'est mieux conservée qu'en Bretagne. C'est en effet une opinion répandue en ce pays que le sang parle, et que deux parents inconnus l'un à l'autre, se rencontrant sur quelque point du monde que ce soit, se reconnaissent à la secrète et mystérieuse émotion qu'ils éprouvent l'un devant l'autre. Le respect des morts tient au même principe. Nulle part la condition des morts n'a été meilleure, nulle part le tombeau ne recueille autant de souvenirs et de prières. C'est que la vie n'est pas pour ce peuple une aventure personnelle que chacun court pour son propre compte et à ses risques et périls : c'est un anneau dans une longue tradition, un don reçu et transmis, une dette payée et un devoir accompli.

On aperçoit sans peine combien des natures aussi fortement concentrées étaient peu propres à fournir un de ces brillants développements qui imposent au monde l'ascendant momentané d'un peuple, et voilà sans doute pourquoi le rôle extérieur de la race kymrique a toujours été secondaire. Dénuée de toute expansion, étrangère à toute idée d'agression et de conquête, peu soucieuse de faire prévaloir sa pensée au dehors, elle n'a su que reculer tant que l'espace lui a suffi, puis, acculée dans sa dernière retraite, opposer à ses ennemis une résistance invincible. Sa fidélité même n'a été qu'un dévouement inutile. Dure à soumettre et toujours en arrière du temps, elle est fidèle à ses vainqueurs quand ceux-ci ne le sont plus à eux-mêmes. La dernière, elle a défendu son indépendance religieuse contre Rome, et elle est devenue le plus ferme appui du catholicisme ; la dernière en France, elle a défendu son indépendance politique contre le roi, et elle a donné au monde les derniers royalistes.

Ainsi la race celtique s'est usée à résister au temps et à défendre les causes désespérées. Il ne semble pas qu'à aucune époque elle ait eu d'aptitude pour la vie politique : l'esprit de la famille a étouffé chez elle toute tentative d'organisation plus étendue. Il ne semble pas aussi que les peuples qui la composent soient par eux-mêmes susceptibles de progrès. La vie leur apparaît comme une condition fixe qu'il n'est pas au pouvoir de l'homme de changer. Doués de peu d'initiative, trop portés à s'envisager comme mineurs et en tutelle, ils croient vite à la fatalité et s'y résignent. À la voir si peu audacieuse contre Dieu, on croirait à peine que cette race est fille de Japhet.

De là vient sa tristesse. Prenez les chants de ses bardes du VIe siècle ; ils pleurent plus de défaites qu'ils ne chantent de victoires. Son histoire n'est elle-même qu'une longue complainte; elle se rappelle encore ses exils, ses fuites à travers les mers. Si parfois elle semble s'égayer, une larme ne tarde pas à briller derrière son sourire; elle ne connaît pas ce singulier oubli de la condition humaine et de ses destinées qu'on appelle la gaieté. Ses chants de joie finissent en élégies; rien n'égale la délicieuse tristesse de ses mélodies nationales; on dirait des émanations d'en haut, qui, tombant goutte à goutte sur l'âme, la traversent comme des souvenirs d'un autre monde. Jamais on n'a savouré aussi longuement ces voluptés solitaires de la conscience, ces réminiscences poétiques où se croisent à la fois toutes les sensations de la vie, si vagues, si profondes, si pénétrantes, que, pour peu qu'elles vinssent à se prolonger, on en mourrait, sans pouvoir dire si c'est d'amertume ou de douceur.

L'infinie délicatesse de sentiment qui caractérise la race celtique est étroitement liée à ses besoins de concentration. Les natures peu expansives sont presque toujours celles qui sentent avec le plus de profondeur; car plus le sentiment est profond, moins il tend à s'exprimer. De là cette charmante pudeur, ce quelque chose de voilé, de sobre, d'exquis, qui éclate d'une manière admirable dans les chants publiés par M. de la Villemarqué. Rien de plus opposé à cette rhétorique du sentiment, trop familière aux races latines, et à la naïveté réfléchie de l'Allemagne. La réserve apparente des peuples celtiques, qu'on prend souvent pour de la froideur, tient à cette timidité intérieure, qui craint de se définir à elle-même. Ils semblent croire qu'un sentiment perd la moitié de sa valeur quand il est exprimé, et que le cœur ne doit avoir d'autre spectateur que lui-même.

S'il était permis d'assigner un sexe aux nations comme aux individus, il faudrait dire sans hésiter que la race celtique, surtout envisagée dans sa branche kymrique ou bretonne, est une race essentiellement féminine. Aucune race, je crois, n'a porté dans l'amour autant de mystère. Nulle autre n'a conçu avec plus de délicatesse l'idéal de la femme et n'en a été plus dominée. C'est une sorte d'enivrement, une folie, un vertige. Lisez l'étrange *mabinogi* de Pérédur ou son imitation française, Perceval le Gallois; ces pages sont humides, pour ainsi dire, du sentiment féminin. La femme y apparaît comme une sorte de vision vague, intermédiaire entre l'homme et le monde surnaturel. Je ne vois vraiment aucune littérature qui offre rien d'analogue à ceci. Comparez Guenièvre et Iseult à ces furies scandinaves de Gudruna et de Chrimhilde, et vous avouerez que la femme telle que l'a conçue la chevalerie, — cet idéal de douceur et de beauté posé comme but suprême de la vie, — n'est une création ni classique, ni chrétienne, ni germanique, mais bien réellement celtique.

La puissance de l'imagination est presque toujours proportionnée à la concentration du sentiment et au peu de développement extérieur de la vie. Le caractère si limité de l'imagination de la Grèce et de l'Italie tient à cette facile expansion des peuples du Midi, chez lesquels l'âme, toute répandue au dehors, se réfléchit peu elle-même. Comparée à l'imagination classique, l'imagination celtique est vraiment l'infini comparé au fini. Dans le beau mabinogi du *Songe de Maxen Wledig*, l'empereur Maxime voit en rêve une jeune fille si belle, qu'à son réveil il déclare qu'il ne peut vivre sans elle. Pendant plusieurs années, ses envoyés courent le monde pour la lui trouver : on la rencontre enfin en Bretagne. Ainsi fit la race celtique : elle s'est fatiguée à prendre ses songes pour des réalités et à courir après ses visions infinies. L'élément essentiel de la vie poétique du Celte, c'est l'aventure, c'est-à-dire la poursuite de l'inconnu, une course sans fin après l'objet toujours fuyant du désir. Voilà ce que saint Brandan rêvait au-delà des mers, voilà ce que Pérédur cherchait dans sa chevalerie mystique, voilà ce que le chevalier Owenn demandait à ses pérégrinations souterraines. Cette race veut l'infini, elle en a soif, elle le poursuit à tout prix, au-delà de la tombe, au-delà de l'enfer. Le défaut essentiel des peuples bretons, le penchant à l'ivresse, défaut qui, selon toutes les traditions du VIe siècle, fut la cause de leurs désastres, tient à cet invincible besoin d'illusion. Ne dites pas que c'est appétit de jouissance grossière, car jamais peuple ne fut d'ailleurs plus sobre et plus détaché de toute sensualité ; non, les Bretons cherchaient dans l'hydromel ce qu'Owenn, saint Brandan et Pérédur poursuivaient à leur manière, la vision du monde invisible. Aujourd'hui encore, en Irlande, l'ivresse fait partie de toutes les fêtes patronales, c'est-à-dire des fêtes qui ont le mieux conservé leur physionomie nationale et populaire.

De là ce profond sentiment de l'avenir et des destinées éternelles de sa race qui a toujours soutenu le Kymri, et le fait apparaître jeune encore à côté de ses conquérants vieillis. De là ce dogme de la résurrection des héros, qui paraît avoir été un de ceux que le christianisme eut le plus de peine à déraciner. De là ce messianisme celtique, cette croyance à un vengeur futur qui restaurera la Cambrie et la délivrera de ses oppresseurs. Tel est le mystérieux messie que Merlin leur a promis, tels le Lez-Breiz des Armoricains et l'Arthur des Gallois[3]. Cette main qui sort du lac quand l'épée d'Arthur y tombe, qui s'en saisit et la brandit trois fois, c'est l'espérance des races celtiques. Les petits peuples doués d'imagination prennent d'ordinaire ainsi leur revanche de ceux qui les ont vaincus. Se sentant forts au dedans et faibles au dehors, une telle lutte les exalte, et, décuplant leurs forces, les rend capables de miracles. Presque tous les grands appels au surnaturel

---

[3] M. Augustin Thierry a finement remarqué que la renommée de prophétisme des Gallois au moyen âge venait de leur fermeté à affirmer l'avenir de leur race (*Histoire de la conquête de l'Angleterre*, I. xi).

sont dus à des peuples vaincus, mais espérant contre toute espérance. Qui pourra dire ce qui a fermenté de nos jours dans le sein de la nationalité la plus obstinée et la plus impuissante, la Pologne ? Israël humilié rêva la conquête spirituelle du monde, et y réussit.

II

La littérature du pays de Galles se divise au premier coup d'œil en trois branches parfaitement distinctes :
— la littérature bardique ou lyrique, qui jette tout son éclat au VIe siècle par les œuvres de Taliésin, d'Aneurin, de Liwarch-Hen, et se continue, par une série non interrompue d'imitations, jusqu'aux temps modernes ;
— les *Mabinogion* ou littérature romanesque, fixée vers le XIIe siècle, mais se rattachant par le fond des idées aux âges les plus reculés du génie celtique ;
— enfin une littérature ecclésiastique et légendaire, empreinte d'un cachet tout particulier. Ces trois littératures semblent avoir vécu côte à côte presque sans se connaître. Les bardes, fiers de leur rhétorique solennelle, méprisaient les contes populaires, dont ils trouvaient la forme trop négligée ; bardes et conteurs, d'un autre côté, paraissent avoir eu très peu de rapports avec le clergé, et on serait parfois tenté de supposer qu'ils ignorent l'existence du christianisme. À notre avis, c'est dans les *Mabinogion* qu'il faut chercher la véritable expression du génie celtique, et il est surprenant qu'une aussi curieuse littérature, source de presque toutes les créations romanesques de l'Europe, soit restée inconnue jusqu'à nos jours : la cause en doit être attribuée sans doute à l'état de dispersion où étaient les manuscrits gallois, poursuivis jusqu'au dernier siècle par les Anglais comme des livres séditieux, compromettant ceux qui les possédaient, et trop souvent aussi égarés entre les mains de propriétaires ignorants, dont le caprice ou la mauvaise volonté suffisait pour les soustraire aux recherches de la critique.
Les Mabinogion nous ont été conservés dans deux principaux manuscrits, l'un du XIIIe siècle, de la bibliothèque d'Hengurt, appartenant à la famille Vaughan ; l'autre, du XIVe, connu sous le nom de Livre rouge d'Hergest et maintenant au collège de Jésus à Oxford.
C'est sans doute une collection semblable qui charma à la Tour de Londres les ennuis du malheureux Léolin, et fut brûlée, après sa condamnation, avec les autres livres gallois qui avaient été les compagnons de sa captivité. Lady Charlotte Guest a fait son édition sur le manuscrit d'Oxford : on ne peut assez regretter que des considérations mesquines lui aient fait refuser l'usage du premier manuscrit, dont le second paraît n'être qu'une copie. Les regrets redoublent, quand on sait que plusieurs textes gallois, qui ont été vus et copiés il y a cinquante ans, ont

disparu de nos jours. C'est en présence de pareils faits que l'on arrive à croire que les révolutions, en général si destructives des œuvres du passé, sont favorables à la conservation des monuments littéraires, en les forçant à se concentrer dans de grands dépôts, où l'existence comme la publicité de ces richesses est désormais assurée.

Le ton général des *Mabinogion* est plutôt romanesque qu'épique. La vie y est prise naïvement et sans emphase. L'individualité du héros est absolument sans limites. Ce sont de nobles et franches natures agissant dans toute leur spontanéité. Chaque homme apparaît comme une sorte de demi-dieu caractérisé par un don surnaturel ; ce don est presque toujours attaché à un objet merveilleux, qui est en quelque sorte le sceau personnel de celui qui le possède. Les classes inférieures, que suppose nécessairement au-dessous de lui ce peuple de héros, se montrent à peine, si ce n'est comme exerçant quelque métier, et à ce titre fort honorées. Les produits un peu compliqués de l'industrie humaine sont envisagés comme des êtres vivants et doués à leur manière d'une propriété magique. Une foule d'objets célèbres ont des noms propres : tels sont le vaisseau, la lance, l'épée, le bouclier d'Arthur ; l'échiquier de Gwenddoleu, où les pièces noires jouaient d'elles-mêmes contre les blanches ; la corne de Bran Caled, où l'on trouvait la liqueur que l'on désirait ; le char de Morgan, qui se dirigeait de lui-même vers le lieu où l'on voulait aller ; le bassin de Tyrnog, qui ne cuisait pas quand on y mettait de la viande pour un lâche ; la pierre à aiguiser de Tudwal, qui n'aiguisait que l'épée des braves ; l'habit de Padarn, qui ne séait qu'à un noble ; le manteau de Tegan, qu'une femme ne pouvait revêtir, si elle n'était irréprochable[4].

L'animal est conçu d'une manière bien plus individuelle encore : il a un nom propre, des qualités personnelles, un rôle qu'il développe à sa guise et avec pleine conscience. Le même héros apparaît à la fois comme homme et animal, sans qu'il soit possible de tracer la ligne de démarcation des deux natures. Le conte de Kulhwch et Olwen, le plus extraordinaire des Mabinogion, roule sur la lutte d'Arthur contre le roi sanglier Twrch-Trwyth, qui, avec ses sept marcassins, tient en échec tous les héros de la Table Ronde. Les aventures des trois cents corbeaux de *Kerverhenn* forment de même le sujet du *Songe de Rhonabwy*. L'idée de mérite et de démérite moral est à peu près absente de toutes ces compositions. Il y a des êtres méchants qui insultent les dames, qui tyrannisent leurs voisins, qui ne se plaisent qu'au mal, parce que telle est leur nature ; mais on ne paraît pas leur en vouloir pour cela. Les chevaliers d'Arthur les poursuivent, non pas comme

---

[4] On reconnaît ici l'origine de l'épreuve du *court mantel*, un des plus spirituels épisodes de Lancelot du Lac.

coupables, mais comme malfaisants. Tous les autres êtres sont parfaitement bons et loyaux, mais plus ou moins richement doués. C'est le rêve d'une race aimable et douce qui conçoit le mal comme le fait de la fatalité, et non comme un produit de la conscience humaine. La nature entière est enchantée, et féconde, comme l'imagination elle-même, en créations indéfiniment variées. Le christianisme apparaît à peine, non que l'on n'en sente parfois le voisinage, mais il n'altère en rien le milieu purement naturaliste où tout se meut. Un évêque figure à table à côté d'Arthur; mais sa fonction se borne strictement à bénir les plats. Les saints d'Irlande, qui apparaissent un moment pour donner leur bénédiction à Arthur et en recevoir des faveurs, sont représentés comme une race d'hommes vaguement connue, et que l'on ne comprend pas. Aucune littérature du moyen âge ne s'est tenue plus éloignée de toute influence monacale. Il faut évidemment supposer que les bardes et les conteurs gallois vivaient fort isolés du clergé, ayant leur culture et leurs traditions tout à fait à part.

Le charme des *Mabinogion* réside principalement dans cette aimable sérénité de la conscience celtique, ni triste ni gaie, toujours suspendue entre un sourire et une larme. C'est le récit limpide d'un enfant, sans distinction de noble ni de vulgaire, quelque chose de ce monde doucement animé, de cet idéal tranquille et calme où nous transportent les stances de l'Arioste. Le bavardage des imitateurs français et allemands du moyen âge, de Chrétien de Troyes et de Wolfram d'Eschenbach par exemple, ne peut donner une idée de cette charmante manière de raconter. Nos trouvères ignorèrent en général l'art que les conteurs gallois possèdent au plus haut degré, l'art du récit, et, pour le dire en passant, peut-être la première joie de la découverte a-t-elle porté à surfaire quelque peu la valeur des romans français et allemands du cycle breton. C'est à l'original qu'il fallait réserver l'admiration qu'on a trop facilement accordée à de pâles copies.

Ce qui frappe au premier coup d'œil dans les compositions idéales des races celtiques, surtout quand on les compare à celles des races germaniques, c'est l'extrême douceur des mœurs qui y respire. Point de ces vengeances effroyables qui remplissent l'Edda et les Niebelungen. Comparez le héros celtique et le héros germanique, Beowulf et Pérédur par exemple. Quelle différence! Là, toute l'horreur de la barbarie dégoûtante de sang, l'enivrement du carnage, le goût désintéressé, si j'ose le dire, de la destruction et de la mort; – ici, au contraire, un profond sentiment de la justice, une grande exaltation de la fierté individuelle, il est vrai, mais aussi un grand besoin de dévouement, une exquise courtoisie. L'homme tyrannique, l'homme noir, le monstre, ne sont là, comme dans Homère les Lestrygons et les Cyclopes, que pour inspirer l'horreur par le contraste avec des mœurs plus douces; ils sont à peu près ce qu'est le méchant pour l'imagination naïve d'un enfant élevé par sa mère dans les idées d'une douce et pieuse moralité. L'homme primitif de la Germanie révolte par sa brutalité sans objet, par cet amour du mal, qui ne le rend ingénieux et fort que pour haïr et pour nuire. Le héros kymrique au contraire, même dans ses plus étranges écarts, semble dominé par des habitudes générales de bienveillance et une vive sympathie pour les êtres faibles. Ce sentiment, les peuples celtiques le portèrent jusque dans leurs croyances religieuses. Ils ont eu pitié même de Judas. Saint Brandan le rencontra, dit-on, sur un rocher au milieu des mers polaires. Judas passe là un jour par semaine pour se rafraîchir des feux de l'enfer ; un drap qu'il avait donné en aumône à un lépreux est suspendu devant lui et tempère ses souffrances.

Si le pays de Galles a droit d'être fier de ses *Mabinogion*, il n'a pas moins à se féliciter d'avoir trouvé un traducteur vraiment digne de les interpréter. Pour comprendre ces exquises beautés, il fallait un sentiment délicat de la narration galloise, une intelligence du naïf, dont un traducteur érudit se serait montré difficilement capable. Pour rendre ces gracieuses imaginations d'un peuple si éminemment doué du tact féminin, il fallait la plume d'une femme. Simple, animée, sans recherche et sans vulgarité, la traduction de lady Charlotte Guest est le miroir fidèle de l'original kymrique. Ajoutons que, sous le rapport non moins essentiel de la science et de la philologie, rien ne manque pour faire de ce travail une œuvre d'érudition et de goût infiniment distinguée[5].

Les *Mabinogion* se divisent en deux classes parfaitement distinctes, — les uns se rapportant exclusivement aux deux presqu'îles de Galles et de Cornouailles et rattachés au personnage héroïque d'Arthur, — les autres, étrangers à Arthur, ayant pour théâtre non seulement les parties de l'Angleterre restées kymriques, mais la Grande-Bretagne tout entière, et nous ramenant par les personnages et les souvenirs qui y sont mentionnés aux derniers temps de l'occupation romaine.

Cette seconde classe, plus ancienne que la première, au moins pour le fond du sujet, se distingue aussi par un caractère beaucoup plus mythologique, un usage plus hardi du merveilleux, une forme énigmatique, un style plein d'allitérations et de jeux de mots. De ce nombre sont les mabinogion de Pwyl, de Branwen, de Manavidan, de Math fils de Mathonwy, le Songe de l'empereur Maxime, le conte de Llud et Llewelys, et la légende de Taliésin.

Au cycle d'Arthur appartiennent les *mabinogion* d'Owain, de Ghéraint, de Pérédur, de Kulhwch et Olwen, et le Songe de Rhonabwy. Il faut encore re-

---

[5] M. de La Villemarqué a publié en 1842, sous le titre de Contes populaires des anciens Bretons, la traduction française des *Mabinogion*, que lady Charlotte Guest avait publiés en anglais à cette époque, et d'une partie des notes dont elle les avait accompagnés (NDA).

marquer que, dans cette seconde classe, les deux derniers récits ont un caractère particulier d'ancienneté. Arthur y réside en Cornouailles, et non, comme dans les autres, à Caerléon sur l'Usk. Il y parait avec un caractère individuel, chassant et faisant lui-même la guerre, tandis que dans les contes plus modernes, il n'est plus qu'un empereur tout-puissant et impassible, un vrai héros fainéant, autour duquel se groupe une pléiade de héros actifs.

Le *mabinogi* de Kulhwch et Olwen[6], par sa physionomie toute primitive, par le rôle qu'y joue le sanglier, conformément aux données de la mythologie celtique, par la contexture du récit entièrement surnaturelle et magique, par d'innombrables allusions dont le sens nous échappe, forme un cycle à lui seul, et nous représente la conception kymrique dans toute sa pureté, avant qu'elle eût été modifiée par l'introduction d'aucun élément étranger. Sans essayer l'analyse de ce curieux poème, je voudrais par quelques extraits en faire comprendre l'originalité.

Kulhwch, fils de Kilydd, prince de Kelyddon, ayant entendu prononcer le nom d'Olwen, fille d'Yspaddaden Penkawr, en devient éperdument amoureux, sans l'avoir jamais vue. Il va trouver Arthur pour réclamer son aide dans cette conquête difficile : il ne sait pas en effet quel pays habite la beauté qu'il aime ; Yspaddaden d'ailleurs est un affreux tyran qui ne laisse personne sortir vivant de son château, et dont la mort est fatalement liée au mariage de sa fille[7]. Arthur donne à Kulhwch quelques-uns de ses plus braves compagnons pour le seconder dans cette entreprise. Après de prodigieuses aventures, les chevaliers arrivent au château d'Yspaddaden, et parviennent à voir la jeune fille rêvée par Kulhwch, Ils n'obtiennent qu'après trois jours de luttes persévérantes la réponse du père d'Olwen, qui met à la main de sa fille des conditions en apparence impossibles à réaliser. L'accomplissement de ces épreuves forme une vaste chaîne d'aventures, la trame d'une véritable épopée romanesque, qui nous est parvenue d'une manière fort incomplète. Des trente-huit aventures imposées à Kulhwch, le manuscrit dont s'est servie lady Charlotte Guest n'en raconte que sept ou huit. Je choisis au hasard l'un de ces récits qui me semble propre à donner une idée de la composition tout entière. Il s'agit de retrouver Mabon, fils de Modron, qui fut

---

[6] On peut en lire une traduction française, faite d'après la traduction de lady Charlotte Guest, dans la *Revue britannique*, juillet 1843, et une traduction allemande dans les *Beiträge zur bretontschen und celtisch-germanischen Heldensage*, de San-Marte (A. Schulz) ; Quendlinburg et Leipzig, 1847 (NDA).

[7] L'idée de poser la mort du poète comme la condition ordinaire de la possession de la fille se retrouve dans plusieurs romans du cycle breton, dans Lancelot par exemple.

enlevé à sa mère trois jours après sa naissance, et dont la délivrance est un des travaux exigés de Kwlhwch.

«Les compagnons d'Arthur lui dirent: "Seigneur, retourne chez toi; tu ne peux pas poursuivre avec tes hommes d'aussi chétives aventures que celle-ci." Alors Arthur dit: "Il serait bien, Gwrhyr Gwalstawd Jeithoedd, que tu prisses part à cette recherche, car tu sais tous les langages, même celui des oiseaux et des bêtes. (Gwrhyr avait cette particularité, que de Gelli Wic en Cornouailles il voyait les moucherons se lever avec le soleil jusqu'à Plen Blathaon, au nord de la Bretagne). Chaque premier mai, jusqu'au jour du jugement, il se bat avec Gwym, fils de Nudd, pour Creiddylad, fille de Llyr[8]. Celui qui alors sera vainqueur possédera la jeune fille. Pour vous, Kai et Bedwyr, j'ai espérance que, quelque aventure que vous entrepreniez, vous la mènerez à fin. (Kai avait cette particularité, que sa respiration durait neuf jours et neuf nuits sous l'eau, et qu'il pouvait vivre neuf jours et neuf nuits sans dormir. Quand il lui plaisait, il pouvait se rendre aussi grand que les plus grands arbres de la forêt. Bedwyr étendait sa barbe rouge sur les quarante-huit solives de la salle d'Arthur; enterré à sept coudées sous terre, il aurait entendu la fourmi, à cinquante milles de distance, sortir de son nid le matin.) Achevez cette aventure pour moi."

«Ils allèrent en avant jusqu'à ce qu'ils arrivassent au merle de Cilgwri. Gwrhyr l'adjura au nom du ciel, disant: "Dis-moi si tu sais quelque chose touchant Mabon, fils de Modron, qui fut enlevé à sa mère lorsqu'il n'était âgé que de trois nuits?" Et le merle répondit: "Quand je vins d'abord ici, il y avait une enclume de forgeron dans ce lieu; j'étais alors un jeune oiseau. Depuis ce temps, l'enclume n'a reçu d'autres coups que ceux de mon bec chaque matin, et maintenant il n'en reste pas la grosseur d'une noix. Cependant que la vengeance des cieux soit sur moi si, durant ce temps, j'ai jamais entendu nommer l'homme dont vous parlez. Je veux faire néanmoins ce qui est juste, et ce qu'il convient que je fasse pour une ambassade d'Arthur. Il y a une race d'animaux qui furent créés avant moi, et je veux vous conduire auprès d'eux."

«Ils allèrent donc jusqu'au lieu où était le cerf de Redynvre: "Cerf de Redynvre, nous venons à toi de la part d'Arthur, parce que nous n'avons pas entendu parler d'un animal plus vieux que toi. Dis, sais-tu quelque chose touchant Mabon, fils de Modron, qui fut enlevé à sa mère lorsqu'il était âgé de trois nuits?" Le cerf répondit: "Quand je vins ici pour la première fois, il y avait une plaine tout autour de moi, sans aucun arbre, si ce n'est un jeune chêne à cent branches. Ce chêne est mort, et il n'en reste maintenant qu'un tronc desséché. À partir

---

[8] Cordélie, fille de Lear.

du jour où j'arrivai ici, je n'ai pas quitté ce lieu, et je n'ai jamais entendu nommer l'homme dont vous parlez. Néanmoins, comme vous êtes des ambassadeurs d'Arthur, je veux vous guider jusqu'à un lieu où il y a un animal qui fut créé avant moi."

«Ils allèrent donc jusqu'au hibou de Coum Cawlwyd: "Hibou de Coum Cawlwyd, voici une ambassade d'Arthur sais-tu quelque chose touchant Mabon, fils de Modron, qui fut enlevé à sa mère lorsqu'il n'était âgé que de trois nuits?"

«– Si je le savais, je vous le dirais. Lorsque j'arrivai d'abord ici, la vallée que vous voyez était un vallon boisé. Puis vint une race d'hommes qui arracha les arbres. Un second bois s'éleva, et celui-ci est le troisième. Mes ailes ne sont plus que des moignons desséchés. Pourtant, durant un si long espace de temps, je n'ai jamais entendu parler de l'homme dont vous vous informez. Je veux néanmoins servir de guide à l'ambassade d'Arthur jusqu'à ce que nous arrivions au plus vieil animal du monde et celui qui a le plus voyagé, l'aigle de Gwern Abwy.

«Gwrhyr dit: "Aigle de Gwern Abwy, une ambassade d'Arthur vient à toi pour te demander si tu sais quelque chose touchant Mabon, fils de Modron, qui a été enlevé à sa mère lorsqu'il n'était âgé que de trois nuits." L'aigle répondit: "Je suis ici depuis un long espace de temps. Quand je vins en ce lieu pour la première fois, il s'y trouvait un rocher dont j'ai becqueté le sommet chaque soir à la lueur des étoiles; maintenant il n'en reste plus la hauteur d'une palme. Du jour où je vins ici, je n'ai jamais quitté ce lieu, et jamais non plus je n'ai entendu nommer l'homme dont vous parlez, si ce n'est une fois que j'allai chercher ma nourriture jusqu'à Llyw. Quand j'arrivai là, je saisis de mes serres un saumon, pensant qu'il me servirait pour longtemps de nourriture; mais il m'entraîna dans l'abîme, et j'eus grand-peine à lui échapper. Ensuite j'allai l'attaquer avec tous mes parents pour tenter de le détruire; mais il m'envoya des messagers, et fit la paix avec moi. Il vint même me supplier d'ôter de son dos cinquante harpons qui s'y trouvaient. S'il ne peut vous donner des renseignements sur l'homme dont vous parlez, je ne sais qui le pourra."

«Ils allèrent donc en ce lieu, et l'aigle dit: "Saumon de Llyn Llyw, je viens à toi avec une ambassade d'Arthur pour te demander si tu sais quelque chose touchant Mabon, fils de Modron, qui a été enlevé à sa mère lorsqu'il n'était âgé que de trois nuits?"

«– Tout ce que je sais, je te le dirai. Avec chaque marée, je remonte la rivière jusqu'à ce que j'arrive près de Gloucester; là j'ai trouvé des douleurs telles que je n'en vis jamais ailleurs de semblables. Et afin que vous puissiez ajouter foi à ce que je vous dis, que deux d'entre vous montent sur mes épaules. Je les porterai jusqu'à cet endroit.

L'ÂME CELTE

« Kai et Gwrhyr Gwalstawd Jeithoedd montèrent donc sur les épaules du saumon, et ils arrivèrent sous les murs d'une prison. Là ils entendirent de grands gémissements et de grandes lamentations qui sortaient du donjon. Gwrhyr dit : "Qui se lamente dans cette maison de pierre ?"

« – Hélas ! celui qui est ici n'a que trop sujet de se lamenter. C'est Mabon, fils de Modron, qui est ici emprisonné. Nulle captivité ne fut jamais si cruelle que la mienne, ni celle de Lludd Llaw Ereint, ni celle de Greid, fils d'Eri.

« – As-tu l'espérance d'être délivré pour de l'or, de l'argent, des présents, ou par des combats et par la force ?

« – Je ne puis être délivré que par la force... »

Nous ne suivrons pas le héros kymrique à travers des épreuves dont le dénouement est prévu. Ce qui frappe surtout dans ces étranges récits, c'est la place qu'y tiennent les animaux transformés par l'imagination galloise en créatures intelligentes. L'association intime de l'homme et de l'animal, les fictions si chères à la poésie du moyen âge, du chevalier au lion, du chevalier au faucon, du chevalier au cygne, les vœux familiers à la chevalerie, consacrés par la présence d'oiseaux réputés nobles, tels que le faisan, le héron, sont autant d'imaginations bretonnes. La légende ecclésiastique elle-même se teignit des mêmes couleurs ; la mansuétude pour les animaux éclate dans toutes les légendes des saints de Bretagne et d'Irlande. Un jour, saint Kévin s'endormit en priant à sa fenêtre les bras étendus ; une hirondelle, apercevant la main ouverte du vieux moine, trouva la place excellente pour y faire son nid ; le saint à son réveil, voyant la mère qui couvait ses œufs, ne voulut pas la déranger, et attendit pour se relever que les petits fussent éclos.

Cette touchante sympathie tenait elle-même à la vivacité toute particulière que les races celtiques ont portée dans le sentiment de la nature. Toute leur mythologie n'est qu'un naturalisme transparent, — non pas ce naturalisme anthropomorphique de la Grèce et de l'Inde, où les forces de l'univers, érigées en êtres vivants et doués de conscience, tendent de plus en plus à se détacher des phénomènes physiques et à devenir des êtres moraux, — mais l'amour de la nature pour elle-même, l'impression vive de sa magie, et ce mouvement de tristesse que l'homme éprouve quand, face à face avec elle, il croit l'entendre lui parler de son origine et de sa destinée. La légende de Merlin est le reflet de ce sentiment. Séduit par une fée des bois, il fuit avec elle et devient sauvage. Les messagers d'Arthur le trouvent chantant au bord d'une fontaine. Viviane lui a bâti sous un buisson d'aubépine une prison magique. Là il prophétise l'avenir des races celtiques; il parle d'une jeune fille des bois tantôt visible, tantôt invisible, qui le retient captif par sa magie[9].

Plusieurs légendes d'Arthur sont empreintes du même caractère. Lui-même devint dans l'opinion populaire comme un esprit des bois: «Les forestiers, en faisant leur ronde au clair de lune, dit Gervais de Tilbury, entendent souvent un grand bruit de cors et rencontrent des troupes de chasseurs; quand on leur demande d'où ils viennent, ces chasseurs répondent qu'ils font partie de la suite du roi Arthur.»

Les imitations françaises des romans bretons conservèrent elles-mêmes l'impression un peu affadie de ce charme invincible qu'exerce la nature sur l'imagination des races celtiques. Yblis, l'héroïne de Lancelot, l'idéal de la perfection bretonne, passe sa vie avec ses compagnes dans un jardin, au milieu des fleurs auxquelles elle rend un culte. Chaque fleur cueillie de ses mains renaît à l'instant, et les adorateurs de sa mémoire s'obligeaient, quand ils coupaient une fleur, à en semer une autre à sa place.

Le culte des forêts, des fontaines et des pierres s'explique par ce naturalisme primitif que tous les conciles tenus en Bretagne s'attachent à proscrire. La pierre en effet semble le symbole naturel des races celtiques. Immuable comme elle, c'est un témoin qui ne meurt pas. L'animal, la plante, la figure humaine surtout, n'expriment la vie divine que sous une forme déterminée, et supposent dans la race qui les prend pour symbole une réflexion déjà fort avancée. La pierre au contraire, qui ne vit pas, apte à recevoir toutes les formes, a été le fétiche de tous les peuples enfants. Le monument de l'âge patriarcal n'était qu'un tas de pierres. Pausanias vit encore debout les trente pierres carrées de Pharos, portant chacune le nom d'une divinité. Le menhir, qui se rencontre sur toute la surface de l'ancien monde, depuis la Chine jusqu'à l'île d'Ouessant, qu'est-ce autre chose si ce n'est le symbole de l'humanité primitive, un vivant témoignage de sa foi au ciel?

On a souvent observé que toutes les croyances populaires qui vivent encore dans nos différentes provinces sont d'origine celtique. Un fait non moins remarquable, c'est la forte teinte de naturalisme qui domine dans ces croyances. Aussi, chaque fois que le vieil esprit celtique apparaît dans notre histoire, on voit renaître avec lui la foi à la nature et à ses magiques influences. Une de ces manifestations les plus caractérisées me semble être celle de Jeanne d'Arc. Cette espérance indomptable, cette fermeté dans l'affirmation de l'avenir, cette croyance que le salut du royaume viendra d'une femme, ces traits, si éloignés du goût ancien et du goût germanique, sont en réalité celtiques. Domrémy était le

---

[9] La Villemarqué, *Contes populaires des anciens Bretons*, t. I, p. 41.

centre d'un vieux culte druidique dont le souvenir s'était perpétué sous forme de superstition populaire. La chaumière de la famille d'Arc était ombragée d'un hêtre fameux dans le pays, et dont on faisait le séjour des fées. Dans son enfance, Jeanne allait suspendre à ses branches des guirlandes de feuillage et de fleurs, qui disparaissaient, disait-on, pendant la nuit. Les actes de son procès parlent avec épouvante de cette innocente pratique comme d'un crime contre la foi, et pourtant ils ne se trompaient pas complètement, ces impitoyables théologiens qui jugèrent la sainte fille ! Elle est plus druidique que chrétienne en vérité. Elle a été annoncée par Merlin ; elle ne connaît pas le pape et l'Eglise, auxquels on veut qu'elle soumette ses visions ; elle ne croit que la voix de son cœur. Cette voix, elle l'entend dans la campagne, au bruit du vent dans les arbres, quand son ouïe est frappée de sons mesurés et lointains. Durant son procès, fatiguée de questions et de subtilités scolastiques, on lui demande si elle entend ses voix : « Menez-moi dans un bois, dit-elle, et je les entendrai bien[10]. » Sa légende se teignit des mêmes couleurs : la nature l'aimait ; les loups ne touchaient jamais les brebis de son troupeau ; quand elle était petite, les oiseaux venaient manger son pain dans son giron, comme privés[11].

---

10 « Dixit quod si esset in uno nemore, bene audiret voces venientes ad eam. »

[11] Voir les *Aperçus nouveaux sur l'histoire de Jeanne d'Arc*, de M. Jules Quicherat (Paris, 1850), véritable modèle de critique et de discussion historique (NDA).

III

Les Mabinogion ne se recommandent pas seulement à notre étude comme manifestation du génie épique de la race bretonne. C'est par cette forme de récit que l'imagination galloise a exercé son influence sur le continent, qu'elle a transformé au XIIIe siècle la poétique de l'Europe et réalisé ce prodige, que les créations d'une race à demi vaincue soient devenues la fête universelle de l'imagination du genre humain.

Peu de héros doivent moins qu'Arthur à la réalité. Ni Gildas ni Aneurin, ses contemporains, n'en parlent. Bède ne connaît pas même son nom; Taliésin et Liwarch-Hen ne le présentent qu'en seconde ligne.

Dans Nennius au contraire, qui vivait vers 850, la légende est pleinement éclose. Arthur est déjà l'exterminateur des Saxons et le suzerain d'une armée de rois; il n'a jamais subi de défaites; il va à Jérusalem, où il prend le modèle de la vraie croix, etc. Enfin, dans Geoffroy de Monmouth, la création épique est achevée. Arthur règne sur le monde entier; il conquiert l'Irlande, la Norvège, la Gascogne, la France qu'il enlève au tribun Flotto, Rome qu'il prend sur Lucius Tibérius, malgré la résistance du sénateur Porsenna. Il donne à Caerléon un tournoi où assistent tous les rois de la terre; il y met sur sa tête trente couronnes et se fait reconnaître suzerain de l'univers. Il est si peu croyable qu'un petit roi du VIe siècle, à peine remarqué de ses contemporains, ait pris dans la postérité des proportions si colossales, que plusieurs critiques ont supposé que l'Arthur légendaire et le chef obscur qui a porté ce nom n'ont rien de commun l'un avec l'autre, que le fils d'Uther Pendragon et de la déesse Ceridwen est un héros tout idéal, un survivant de la vieille mythologie kymrique. En effet, dans les symboles du néodruidisme, c'est-à-dire de cette doctrine secrète, issue du druidisme, qui se prolongea jusqu'en plein moyen âge sous forme de franc-maçonnerie, nous retrouvons Arthur transformé en personnage divin et jouant un rôle purement mythologique. Il faut avouer au moins que, si derrière la fable se cache quelque réalité, l'histoire ne nous offre aucun moyen de l'atteindre. On ne peut douter que la découverte du tombeau d'Arthur dans l'île d'Avalon en 1189 ne soit une invention de la politique normande, comme en 1283, en l'année même où Edouard I poursuivait les restes de l'indépendance galloise, on retrouva fort à propos son diadème, que l'on réunit aux autres joyaux de la couronne d'Angleterre.

L'ÂME CELTE

On s'attend naturellement à voir Arthur, devenu le représentant de la nationalité galloise, soutenir dans les Mabinogion un personnage analogue, et y servir, comme dans Nennius, la haine des vaincus contre les Saxons. Il n'en est rien. Arthur, dans les Mabinogion, n'offre aucun caractère de résistance patriotique ; son rôle se borne à réunir les héros autour de sa Table Ronde, à entretenir la police de son palais, à faire observer les lois de son ordre de chevalerie. Il est trop fort pour que personne songe à l'attaquer. C'est le Charlemagne des romans carlovingiens, l'Agamemnon d'Homère, un de ces personnages neutres qui ne servent que pour l'unité du poème. L'idée de la lutte contre l'étranger, l'antipathie du Saxon, n'apparaît pas une seule fois. Les héros des Mabinogion n'ont pas de patrie ; chacun combat pour montrer son excellence personnelle et par goût des aventures, mais non pour défendre une cause nationale. La Bretagne est l'univers : on ne suppose pas qu'en dehors du monde kymrique il y ait d'autres nations et d'autres races.

C'est par ce caractère d'idéal et de généralité que la fable d'Arthur exerça sur le monde entier un si étonnant prestige. Si Arthur n'avait été qu'un héros provincial, le défenseur plus ou moins heureux d'un petit pays, tous les peuples ne l'eussent pas adopté, pas plus qu'ils n'ont adopté le Marco des Serbes, le Robin Hood des Saxons. L'Arthur qui a séduit le monde est le chef d'un ordre égalitaire où tous s'assoient à la même table, où l'homme ne vaut qu'à proportion de sa bravoure et de ses dons naturels. Qu'importaient au monde le sort d'une presqu'île ignorée et les combats livrés pour elle ? Ce qui l'a enchanté, c'est cette cour idéale où préside Gwenhwyvar (Guenièvre), où autour de l'unité monarchique se réunit la fleur des héros, où les dames, aussi chastes que belles, n'aiment que suivant les lois de la chevalerie, où le temps se passe à écouter des contes, à apprendre la civilité et les belles manières. Voilà le secret de la magie de cette Table Ronde autour de laquelle le moyen âge groupa toutes ses idées d'héroïsme, de beauté, de pudeur et d'amour. C'est en révélant à une société barbare l'idéal d'une société douce et polie qu'une tribu oubliée aux confins du monde imposa ses héros à l'Europe, et accomplit dans le domaine de l'imagination et du sentiment une révolution sans exemple peut-être dans l'histoire de l'esprit humain.

Si l'on compare en effet la littérature européenne avant l'introduction des romans kymriques sur le continent à ce qu'elle est depuis que les trouvères commencent à puiser aux sources bretonnes, on reconnaît sans peine qu'un élément nouveau s'est introduit dans la conception poétique des peuples chrétiens et l'a profondément modifiée. Le poème carlovingien, par sa contexture et les moyens qu'il met en œuvre, ne sort pas de la donnée classique. L'homme y agit par des mobiles fort analogues à ceux de l'épopée grecque. L'élément romantique par excellence, l'aventure, cet entraînement d'imagination qui fait courir sans cesse le guerrier breton après l'inconnu, la joute organisée en système de vie, rien de tout cela ne se fait jour encore. Roland ne diffère des héros d'Homère que par son armure : par le cœur, il est frère d'Ajax ou d'Achille. Perceval au contraire appartient à un autre monde, séparé par un abîme de celui où s'agitent les héros de l'antiquité.

C'est surtout en créant le caractère de la femme, en introduisant dans la poésie, auparavant dure et austère, du moyen âge les nuances de l'amour, que les romans bretons réalisèrent cette prodigieuse métamorphose. Ce fut comme une étincelle électrique : en quelques années, le goût de l'Europe fut changé ; le sentiment kymrique courut le monde et le transforma. Presque tous les types de femmes que le moyen âge a connus, Guenièvre, Iseult, Enide, viennent de la cour d'Arthur. Dans les poèmes carlovingiens, la femme est nulle, sans caractère et sans individualité ; l'amour y est brutal, comme dans le roman de Ferabras, ou à peine indiqué, comme dans la *Chanson de Roland*. Dans les Mabinogion au contraire, le rôle principal appartient toujours aux femmes. La galanterie chevaleresque qui fait que le bonheur suprême du guerrier est de servir une femme et de mériter son estime, cette croyance que l'emploi le plus beau de la force est de sauver et de venger la faiblesse, tout cela est éminemment breton, ou du moins a trouvé d'abord son expression chez les peuples bretons. Un des traits qui surprennent le plus dans les *Mabinogion* est la délicatesse du sentiment féminin qui y respire. Tous les services y sont rendus aux chevaliers par des femmes. Ce sont elles qui les reçoivent au château, leur lavent la tête et la figure, les désarment au retour des aventures, équipent leur cheval, pansent leurs blessures, préparent leur couche et les endorment avec des chants. D'après les lois de Hoël-Dda[12], un des principaux emplois de la cour était celui de la jeune fille qui devait tenir les pieds du roi dans son giron quand il était assis. Au milieu de tout cela, jamais une légèreté, jamais un mot grossier. Il faudrait citer en entier les deux mabinogion de Pérédur et de Ghéraint pour faire comprendre cette innocence ; or la naïveté de ces charmantes compositions nous défend de songer qu'il y eût eu en cela quelque arrière-pensée. Le zèle du chevalier à défendre l'honneur des dames n'est devenu un euphémisme goguenard que chez les imitateurs français, qui transformèrent la virginale pudeur des romans bretons en une galanterie effrontée, si bien que ces compositions, si chastes dans l'original, devinrent le scandale du moyen âge, provoquèrent les censures et furent l'occasion des idées d'immoralité qui, pour les personnes religieuses, s'attachent encore au nom de roman.

Certes la chevalerie est un fait trop complexe pour qu'il soit permis de lui as-

---

[12] Le plus ancien code des lois galloises.

signer une seule origine. Disons cependant que l'idée d'envisager l'estime d'une femme comme le but le plus élevé de l'activité humaine et d'ériger l'amour en principe suprême de moralité n'a assurément rien d'antique, rien de germanique non plus. Est-ce dans l'Edda et dans les Niebelungen, au milieu de ces redoutables emportements de l'égoïsme et de la brutalité, qu'on trouvera le germe de cet esprit de sacrifice, d'amour pur, de dévouement exalté qui fait le fond de la chevalerie? Quant à chercher parmi les Arabes, ainsi qu'on l'a voulu, l'origine de cette institution, entre tous les paradoxes littéraires auxquels il a été donné de faire fortune, celui-ci est vraiment un des plus singuliers. Conquérir la femme dans un pays où on l'achète! Rechercher son estime dans un pays où elle est à peine regardée comme susceptible de mérite moral! Aux partisans de cette hypothèse je n'opposerai qu'un seul fait: la surprise qu'éprouvèrent les Arabes de l'Algérie, quand, par un souvenir assez malencontreux des tournois du moyen âge, on chargea les dames de distribuer les prix aux courses du Beiram. Ce qui semblait au chevalier un honneur sans égal parut aux Arabes une humiliation et presque une injure!

L'introduction des romans bretons dans le courant de la littérature européenne opéra une révolution moins profonde dans la manière de concevoir et d'employer le merveilleux. Dans les poèmes carlovingiens, le merveilleux est timide et conforme à la foi chrétienne: le surnaturel est produit immédiatement par Dieu ou ses envoyés. Chez les Kymris au contraire le principe de la merveille est dans la nature elle-même, dans ses forces cachées, dans son inépuisable fécondité. C'est un cygne mystérieux, un oiseau fatidique, une main qui apparaît tout à coup, un géant, un tyran noir, un brouillard magique, un dragon, un cri qu'on entend et qui fait mourir d'effroi, un objet aux propriétés extraordinaires. Rien de la conception monothéiste, où le merveilleux n'est qu'un miracle, une dérogation à des lois établies. Rien non plus de ces séries d'êtres personnifiant la vie de la nature, qui forment le fond des mythologies de la Grèce et de l'Inde. Ici c'est le naturalisme parfait, la foi indéfinie dans le possible, la croyance à l'existence d'êtres indépendants et portant en eux-mêmes le principe de leur force mystérieuse: idée tout à fait contraire au christianisme, qui dans de pareils êtres voit nécessairement des anges ou des démons. Aussi ces individus étranges sont-ils toujours présentés comme en dehors de l'Eglise, et quand le chevalier de la Table Ronde les a vaincus, il leur impose d'aller rendre hommage à Guenièvre et se faire baptiser.

Or, s'il est en poésie un merveilleux que nous puissions accepter, c'est assurément celui-là. La mythologie classique, prise dans sa naïveté première, est trop hardie, — prise comme simple figure de rhétorique, trop fade pour nous satisfaire. Quant au merveilleux chrétien, Boileau a raison : il n'y a pas de fiction possible avec un tel dogmatisme. Reste donc le merveilleux purement naturaliste, la nature s'intéressant à l'action et devenant acteur pour sa part, — le grand mystère de la fatalité se dévoilant par la conspiration secrète de tous les êtres, comme dans Shakespeare et l'Arioste. Il serait curieux de rechercher ce qu'il y a de celtique dans le premier de ces poètes ; quant à l'Arioste, c'est le poète breton par excellence. Toutes ses machines, tous ses moyens d'intérêt, toutes ses nuances de sentiment, tous ses types de femmes, toutes ses aventures, sont empruntés aux romans bretons.

Comprend-on maintenant le rôle intellectuel de cette petite race qui a donné au monde Arthur, Guenièvre, Lancelot, Perceval, Merlin, saint Brandan, saint Patrice, presque tous les cycles poétiques du moyen âge, et n'est-ce pas une destinée frappante que celle de quelques nations qui seules ont le droit de faire accepter leurs héros, comme s'il fallait pour cela un degré tout particulier d'autorité, de sérieux et de foi ? Chose étrange, ce furent les Normands, c'est-à-dire de tous les peuples peut-être le moins sympathique aux Bretons, qui firent la renommée des fables bretonnes. Spirituel et imitateur, le Normand devint partout le représentant éminent de la nation à laquelle il s'était d'abord imposé par la force. Français en France, Anglais en Angleterre, Italien en Italie, Russe à Novogorod, il oublie sa propre langue pour parler celle du peuple qu'il a vaincu et devenir l'interprète de son génie. Le caractère si vivement accusé des romans gallois ne pouvait manquer de frapper des hommes si prompts à saisir et à s'assimiler les idées de l'étranger. La première révélation des fables bretonnes, la chronique latine de Geoffroy de Monmouth, parut vers 1140, sous les auspices de Robert de Gloucester, fils naturel d'Henri II. Henri II se prit de goût pour les mêmes récits. À sa prière, Robert Wace écrivit en français, vers 1160, la première histoire d'Arthur, et ouvrit la voie où marchèrent après lui une nuée d'imitateurs provençaux, français, italiens, espagnols, anglais, scandinaves, grecs, géorgiens, etc.

Quel rôle la Bretagne armoricaine a-t-elle joué dans la création ou la propagation des légendes de la Table Ronde ? Je pense que ce rôle a été fort exagéré. Que les traditions héroïques du pays de Galles aient longtemps continué de vivre dans la branche de la famille kymrique qui vint s'établir en Armorique, on n'en peut douter, quand on retrouve Vortigern, Ghéraint, Urien et d'autres héros devenus des saints en Basse-Bretagne ; mais que ce soit aux Bretons de France, et non à ceux de Galles, qu'Arthur doive sa transformation poétique ; que les Mabinogion gallois ne nous représentent que la forme altérée d'une tradition dont la presqu'île armoricaine aurait été le berceau, comme le pensent M. de La Villemarqué et quelques autres critiques, c'est là une hypothèse inadmissible pour quiconque a lu sans prévention nationale le beau recueil de lady Charlotte Guest. Tout est gallois dans ces fables : les lieux, la généalogie, les habitudes ; l'Armorique n'y est représentée que par Hoël, personnage secondaire de la cour d'Arthur. Comment d'ailleurs, si l'Armorique avait vu naître le cycle arthurien, n'y trouverait-on pas quelque souvenir de cette brillante éclosion ? M. de La Villemarqué, je le sais, en appelle à des chants populaires encore vivants en Bretagne, et où Arthur serait célébré. En effet, on peut lire dans ses *Chants populaires de la Bretagne* un ou deux morceaux où figure le nom de ce héros ; mais c'est ici un des exemples qui montrent avec combien de précautions il convient de se servir du recueil, si précieux d'ailleurs, publié par M. de La Villemarqué. Il est évident en effet que, pour admettre un résultat aussi peu attendu, il faudrait un texte d'une certitude complète, absolue. Or le début et la fin du principal morceau sur lequel on s'appuie sont notoirement du temps de la chouannerie[13]. M. de La Villemarqué lui-même avoue que tout ce chant est énigmatique et presque inintelligible. Le vieux chouan qui le lui récitait, et qui n'y comprenait rien, savait-il bien ce qu'il disait ? Le nom d'Arthur n'était-il pas un de ceux qu'il estropiait ? L'oreille de M. de La Villemarqué ne s'est-elle pas prêtée complaisamment à entendre le nom qu'il désirait ? C'est du moins une base bien fragile pour asseoir une hypothèse aussi hardie, qu'un chant répété pendant mille ans par des paysans qui ne le comprennent pas. Le parti pris de ne voir dans la littérature galloise qu'un reflet décoloré de la littérature des Bretons d'Armorique a ici entraîné M. de La Villemarqué dans quelques exagérations.

C'est donc au pays de Galles qu'il faut restituer dans la race celtique l'initiative de la création romanesque. Là est vraiment le centre de l'originalité des peuples bretons ; là seulement leur génie est arrivé à se fixer en des œuvres authentiques et achevées. C'est ce qui apparaîtra plus clairement encore, si nous jetons un coup d'œil sur la littérature bardique et ecclésiastique de la Cambrie, et si, après avoir fait connaître ses conteurs, nous étudions ses poètes et ses saints.

---

13 Voir *Chants populaires de la Bretagne*, t. I-, p. 83 (1846).

IV

Quand on cherche à déterminer dans l'histoire des races celtiques le moment précis où il faut se placer pour apprécier l'ensemble de leur génie, on se trouve nécessairement ramené au VIe siècle de notre ère. Les races ont presque toujours ainsi une heure prédestinée, où, passant de la naïveté à la réflexion, elles déploient pour la première fois au soleil tous les trésors de leur nature, jusque-là cachés dans l'ombre. Le VIe siècle fut pour les races celtiques ce moment poétique d'éveil et de première activité. Le christianisme, jeune encore parmi elles, n'a pas complètement étouffé le culte national; le druidisme se défend dans ses écoles et ses lieux consacrés; la lutte contre l'étranger, sans laquelle un peuple n'arrive jamais à la pleine conscience de lui-même, atteint son plus haut degré de vivacité. C'est l'âge de tous les héros restés populaires, de tous les saints caractéristiques de l'Eglise bretonne; c'est enfin le grand âge de la littérature bardique, illustré par les noms de Taliésin, d'Aneurin, de Liwarch-Hen.

À ceux qui verraient avec quelques scrupules manier comme historiques ces noms à demi fabuleux, et qui hésiteraient à accepter comme authentiques des poèmes arrivés jusqu'à nous à travers une si longue série d^e siècles, nous répondrons qu'aucun doute sur ce point n'est plus possible, et que les objections dont W. Schlegel se fit l'interprète contre M. Fauriel ont complètement disparu devant les investigations d'une critique éclairée et impartiale. Cette fois, par une rare exception, l'opinion sceptique s'est trouvée avoir tort[14]. Le VIe siècle, en effet, est pour les peuples bretons un siècle parfaitement historique. Nous touchons cette époque de leur histoire d'aussi près et avec autant de certitude que l'antiquité grecque ou romaine. On sait, il est vrai, que jusqu'à une époque assez moderne, les bardes continuèrent à composer des pièces sous les noms devenus populaires d'Aneurin, de Taliésin, de Liwarc'h-Hen; mais aucune confusion n'est possible entre ces fades exercices de rhétorique et les morceaux vraiment authentiques qui portent le nom de ces poètes, morceaux pleins de traits personnels, de circonstances locales, de passions et de sentiments individuels.

---

[14] Ceci ne s'applique pas évidemment à la langue de ces poèmes. On sait que le moyen âge, étranger à toute idée d'archéologie, rajeunissait les textes à mesure qu'il les copiait, et qu'un manuscrit en langue vulgaire n'atteste ordinairement que la langue contemporaine de celui qui l'a copié (NDA).

L'ÂME CELTE

Telle est la littérature dont M. de La Villemarqué a voulu réunir les monuments les plus anciens et les plus authentiques dans ses Bardes bretons du sixième siècle. Le texte de ces anciens poèmes était publié depuis longtemps dans l'Archéologie de Myvyr; M. de La Villemarqué l'en a extrait, et a essayé pour la première fois de le traduire. Certes, en face des immenses difficultés du sujet, si nous avions un reproche à adresser au savant éditeur, c'est bien moins de ne les avoir pas toutes résolues que d'avoir cru trop facilement les résoudre. Ici, comme dans presque tous ses travaux, M. de La Villemarqué, exclusivement préoccupé de la Bretagne française, ne semble pas avoir assez reconnu que la littérature du pays de Galles constitue au milieu des études celtiques un monde à part, et exige des recherches tout à fait spéciales. S'il a voulu donner une édition des bardes gallois qui pût être lue en Bretagne, l'idée est au moins malheureuse, car j'ose affirmer que ces chants, même tels qu'il les donne, seront inintelligibles pour les Bretons armoricains de nos jours. S'il a voulu faire une édition vraiment critique, les philologues n'auront-ils point de graves objections à faire en voyant interpréter, que dis-je? Constituer un texte gallois du VIe siècle d'après le bas-breton du XIXe? M. de La Villemarqué en effet se permet parfois de faire au texte gallois, pour le rapprocher du dialecte armoricain, des changements bien arbitraires. La franchise oblige à dire que ce volume, bien que renfermant d'importants renseignements sur la littérature bardique, ne paraît pas digne de succéder aux *Chants populaires de la Bretagne*. C'est par ce dernier ouvrage que M. de La Villemarqué a vraiment bien mérité des études celtiques, en nous révélant une charmante littérature, où éclatent mieux que partout ailleurs ces traits de douceur, de fidélité, de résignation, de timide réserve, qui forment le caractère de la race bretonne[15].

Le thème de la poésie des bardes du VIe siècle est simple et exclusivement héroïque; ce sont toujours les grands motifs du patriotisme et de la gloire: absence complète de tout sentiment tendre, nulle trace d'amour, aucune idée religieuse bien arrêtée, si ce n'est un mysticisme vague et naturaliste, reste de l'enseignement druidique, et une philosophie morale, toute exprimée en triades, telle qu'elle s'enseignait dans l'école moitié bardique, moitié chrétienne de saint

---

[15] Non pas que ce curieux recueil doive être lui-même accepté sans contrôle, ni que la confiance absolue avec laquelle on l'a cité n'ait eu de graves inconvénients. Nous croyons que quand M. de La Villemarqué veut commenter les morceaux qu'il aura l'éternel honneur d'avoir le premier mis au jour, sa critique est loin d'être à l'abri de tout reproche, et que la plupart des allusions historiques qu'il pense y trouver sont des hypothèses plus ingénieuses que solides; mais cette opinion, que nous nous bornons à indiquer, n'empêcherait pas son livre de rester encore l'une des publications les plus intéressantes de c^e siècle (NDA).

Cadoc. L'opposition du bardisme au christianisme s'y révèle par une foule de traits originaux et touchants. La douceur et la ténacité du caractère breton peuvent seules expliquer comment une hétérodoxie aussi avouée se maintint en pré-sence du christianisme dominant, et comment de saints personnages, Kolumkill par exemple, ont pu prendre la défense des bardes contre les rois qui voulaient les supprimer. Grâce à cette tolérance, le bardisme se continua jusqu'au cœur du moyen âge en une doctrine secrète, avec un langage convenu et des symboles empruntés presque tous à la divinité solaire d'Arthur.

C'est un fort curieux spectacle que celui de cette révolte des mâles sentiments de l'héroïsme contre le sentiment féminin coulant à pleins bords dans le culte nouveau. Ce qui exaspère en effet ces vieux représentants de la société celtique, c'est le triomphe exclusif de l'esprit pacifique, ce sont ces hommes vêtus de lin et chantant des psaumes, dont la voix est triste, qui prêchent le jeûne et ne connaissent plus les héros. L'antipathie que le peuple armoricain attribue aux nains et aux korrigans contre le christianisme tient également au souvenir d'une opposition que rencontra l'Evangile à ses débuts. Les korrigans, en effet, sont pour le paysan breton de grandes princesses qui ne voulurent pas accepter le christianisme quand les apôtres vinrent en Bretagne.

Elles haïssent le clergé et les églises; les cloches les font fuir. La Vierge surtout est leur grande ennemie; c'est elle qui les a chassées des fontaines, et le samedi, jour qui lui est consacré, quiconque les regarde peignant leurs cheveux ou comptant leur trésor, est sûr de périr. Les nains aussi n'aiment ni le samedi ni le dimanche : ces jours-là, on les voit commettre des actes obscènes au pied des croix, et danser dans les carrefours des chemins en se tenant par la main.

À part cette répulsion que la mansuétude chrétienne eut à vaincre dans les classes de la société qui se voyaient amoindries par l'ordre nouveau, on peut dire que la douceur de mœurs et l'exquise sensibilité des races celtiques, jointes à l'absence d'une religion antérieure fortement organisée, les prédestinaient au christianisme. Le christianisme en effet, s'adressant de préférence aux sentiments humbles de la nature humaine, trouvait ici des disciples admirablement préparés; aucune race n'a si délicatement compris le charme de la petitesse; aucune n'a placé l'être simple, l'innocent, plus près de Dieu. Aussi est-ce merveille comme la religion nouvelle prit facilement possession de ces peuples. À peine la Bretagne et l'Irlande réunies comptent-elles deux ou trois martyrs; elles sont réduites

L'ÂME CELTE

à vénérer comme tels leurs compatriotes tués dans les invasions anglo-saxonnes et danoises. Ici apparaît dans tout son jour la profonde différence qui sépare la race celtique de la race germanique. Les Germains ne reçurent le christianisme que tard et malgré eux, par calcul ou par force, après une sanglante résistance et avec de terribles soulèvements. Le christianisme en effet était par plusieurs côtés antipathique à leur nature, et l'on conçoit les regrets des germanistes purs, qui aujourd'hui encore reprochent au christianisme de leur avoir gâté leurs mâles ancêtres. Il n'en fut pas de même chez les peuples celtiques ; cette douce petite race était naturellement chrétienne. Loin de les altérer et de leur enlever quelques-unes de leurs qualités, le christianisme les achevait et les perfectionnait. Comparez les légendes relatives à l'introduction du christianisme dans les deux pays, la *Kristni-Saga*, par exemple, et les charmantes légendes de Lucius et de saint Patrice. Quelle différence ! En Islande, les premiers apôtres sont des pirates convertis par hasard, tantôt disant la messe, tantôt massacrant leurs ennemis, tantôt reprenant leur première profession d'écumeurs de mer : tout se fait par accommodement, sans foi sérieuse. En Irlande et en Bretagne, la grâce opère par les femmes, par je ne sais quel charme de pureté et de douceur. La révolte des Germains ne fut jamais bien étouffée ; jamais ils n'oublièrent les baptêmes forcés et les missionnaires carlovingiens appuyés par le glaive, jusqu'au jour où le germanisme reprend sa revanche, et où Luther, à travers sept siècles, répond à Witikind. Dès le IIIe siècle, au contraire, les Celtes sont déjà de parfaits chrétiens. Pour les Germains, le christianisme ne fut longtemps qu'une institution romaine imposée du dehors ; ils n'entrèrent dans l'Eglise que pour la troubler, et ne réussirent que très difficilement à se former un clergé national. Chez les Celtes au contraire, le christianisme ne vient pas de Rome ; ils ont leur clergé indigène, leurs usages propres, ils tiennent leur foi de première main. On ne peut douter en effet que dès les temps apostoliques le christianisme n'ait été prêché en Bretagne, et plusieurs historiens ont pensé, non sans quelque vraisemblance, qu'il y fut apporté par des chrétiens judaïsants ou par des affiliés de l'école de saint Jean. Partout ailleurs le christianisme rencontra comme première assise la civilisation grecque ou romaine. Ici, il trouvait un sol nouveau, d'un tempérament analogue au sien, et naturellement préparé pour le recevoir.

Peu de chrétientés ont offert un idéal de perfection chrétienne aussi pur que l'Eglise celtique aux VIe, VIIe, VIIIe siècles. Nulle part peut-être Dieu n'a été mieux adoré en esprit que dans ces grandes cités monastiques de Hy ou d'Iona, de Bangor, de Clonard, de Lindisfarne. C'est chose vraiment admirable que la moralité fine et vraie, la naïveté, la richesse d'invention qui distinguent les légendes des saints bretons et irlandais. Nulle race ne prit le christianisme avec autant d'originalité, et, en s'assujettissant à la foi commune, ne conserva plus obstinément sa physionomie nationale. En religion comme en toute chose, les Bretons recherchèrent l'isolement et ne fraternisèrent pas volontiers avec le reste du monde. Forts de leur supériorité morale, persuadés qu'ils possédaient la véritable règle de la foi et du culte, ayant reçu leur christianisme d'une prédication apostolique et tout à fait primitive, ils n'éprouvaient aucun besoin de se sentir en communion avec des sociétés chrétiennes moins nobles que la leur. De là cette longue lutte des Eglises bretonnes contre les prétentions romaines, si admirablement racontée par M. Augustin Thierry; de là ces inflexibles caractères de Colomban et des moines d'Iona défendant contre l'Eglise entière leurs usages et leurs institutions; de là enfin la position fausse des races celtiques dans le catholicisme, quand cette grande force, de plus en plus envahissante, les eut resserrées de toutes parts et obligés de compter avec elle. N'ayant pas de passé catholique, elles se trouvèrent déclassées à leur entrée dans la grande famille, et ne purent jamais arriver à se créer une métropole ecclésiastique. Tous leurs efforts et toutes leurs innocentes supercheries pour attribuer ce titre aux églises de Dol et de Saint-David échouèrent contre l'accablante divergence de leur passé; il fallut se résigner à être d'obscurs suffragants de Tours et de Cantorbéry.

Du reste, même de nos jours, cette puissante originalité du christianisme celtique est loin d'être effacée. Les Bretons de France, quoiqu'ayant ressenti le contre-coup des révolutions que le catholicisme a subies sur le continent, sont, à l'heure qu'il est, une des populations chez lesquelles le sentiment religieux a conservé le plus d'indépendance. L'Irlande enfin garde encore dans ses provinces reculées, le Galloway par exemple, des formes de culte tout à fait à part, et auxquelles rien dans le reste de la chrétienté ne saurait être comparé. L'influence du catholicisme moderne, ailleurs si destructive des usages nationaux, a eu ici un effet tout contraire, par la nécessité de trouver un point d'appui contre le protestantisme dans l'attachement aux pratiques locales et aux coutumes du passé.

C'est le tableau de ces institutions chrétiennes tout à fait distinctes de celles du reste de l'Occident, de ce culte parfois étrange, de ces légendes de saints marquées d'un cachet si profond de nationalité, qui fait l'intérêt des écrits relatifs aux antiquités ecclésiastiques de l'Irlande, du pays de Galles et de la Bretagne armoricaine. Aucune hagiographie n'est restée plus exclusivement nationale; jusqu'au XIIe siècle, les peuples celtiques ont admis dans leur martyrologe très peu de saints étrangers: aucune aussi ne renferme autant d'éléments mythologiques. Le paganisme celtique opposa si peu de résistance au culte nouveau, que l'Eglise ne se crut pas obligée de déployer contre lui cette rigueur avec laquelle elle poursuivait ailleurs les moindres vestiges de mythologie. L'essai consciencieux de

L'ÂME CELTE

W. Rees sur les saints du pays de Galles, celui du révérend John Williams, ecclésiastique fort instruit du diocèse de Saint-Asaph, sur les antiquités ecclésiastiques des Kymris, suffisent pour faire comprendre l'immense intérêt qu'offrirait une histoire complète et intelligente des Eglises celtiques avant leur absorption par l'Eglise romaine. On pourrait y joindre le docte ouvrage de dom Lobineau sur les saints de Bretagne, réédité de nos jours par M. l'abbé Tresvaux, si la demi-critique du bénédictin, bien pire que l'absence totale de critique, n'eût altéré ces naïves légendes, et n'en eût retranché, sous prétexte de bon sens et de révérence religieuse, ce qui en fait pour nous l'intérêt et le charme.

L'Irlande surtout dut offrir dans ces siècles reculés une physionomie religieuse tout à fait à part, et qui paraîtrait singulièrement originale, s'il était donné à l'histoire de la révéler tout entière. En voyant, aux VIe, VIIe et VIIIe siècles, ces légions de saints irlandais qui inondent le continent et arrivent de leur île tout canonisés, apportant avec eux leur opiniâtreté, leur attachement à leurs usages, leur tour d'esprit subtil et réaliste; en voyant jusqu'au XIIe siècle les Scots (c'est le nom que l'on donnait aux Irlandais) servir de maîtres en grammaire et en littérature à tout l'Occident, on ne peut douter que l'Irlande dans la première moitié du moyen âge n'ait été le théâtre d'un singulier mouvement religieux et monastique. Crédule comme l'enfant, timide, indolent, porté à se soumettre et à obéir, l'Irlandais pouvait seul se prêter à cette abdication complète entre les mains de l'abbé, que nous retrouvons dans les monuments historiques et légendaires de l'Eglise hibernaise. On reconnaît bien le pays où, encore de nos jours, le prêtre, sans provoquer le moindre scandale, peut, avant de quitter l'autel, donner tout haut des ordres pour son dîner, indiquer la ferme où il ira s'attabler et où il entendra les fidèles en confession. En présence d'un peuple qui ne vivait que par l'imagination et les sens, l'Eglise ne se crut pas obligée d'être sévère pour les caprices de la fantaisie religieuse; elle laissa faire l'instinct populaire, et de cette liberté sortit la forme la plus mythologique peut-être et la plus analogue aux mystères de l'antiquité que présentent les annales du christianisme, une religion attachée à certains lieux et consistant presque tout entière en certains actes considérés comme sacramentels.

La légende de saint Brandan est sans contredit le produit le plus singulier de cette combinaison du naturalisme celtique avec le spiritualisme chrétien. Le goût des moines hibernais pour les pérégrinations maritimes à travers l'archipel — tout peuplé de monastères — des mers d'Ecosse et d'Irlande[18], le souvenir

---

[18] Les saints irlandais couraient à la lettre les mers de l'Occident. Un très grand nombre de saints de Bretagne, et les plus célèbres, saint Tenenan, saint Renan, etc., sont des Irlandais émi-

de navigations plus lointaines encore dans les mers polaires, fournirent le cadre de cette de cette étrange composition, si riche d'impressions locales. Pline nous apprend que déjà de son temps les Bretons aimaient à se hasarder en pleine mer pour chercher des îles inconnues ; M. Letronne a prouvé qu'en 795, soixante-cinq ans par conséquent avant les Danois, des moines irlandais abordèrent en Islande et s'établirent sur le littoral. Les Danois trouvèrent dans cette île des livres irlandais, des cloches ; les noms d'une foule de localités attestent encore le séjour de ces moines, désignés du nom de *papae* (pères). Aux Iles Foeroë, dans les Orcades et les îles Shetland, dans tous les parages en un mot des mers du Nord, les Scandinaves rencontrèrent avant eux ces *papae*, dont les habitudes contrastaient si étrangement avec les leurs[19].

N'entrevirent-ils pas aussi cette grande terre dont le vague souvenir semble les poursuivre, et que Colomb devait retrouver en suivant la trace de leurs rêves ? On sait seulement que l'existence d'une île coupée par un grand fleuve et située à l'occident de l'Irlande fut, sur la foi des Irlandais, un dogme pour les géographes du moyen âge. On racontait que, vers le milieu du VIe siècle, un moine, nommé Barontus, revenant de courir la mer, vint demander l'hospitalité au monastère de Cluainfert. L'abbé Brandan le pria de réjouir les frères par le récit des merveilles de Dieu qu'il avait vues dans la grande mer. Barontus leur révéla l'existence d'une île entourée de brouillards, où il avait laissé son disciple Mernoc : c'est la terre de promission que Dieu réserve à ses saints. Brandan, avec dix-sept de ses religieux, voulut aller à la recherche de cette terre mystérieuse. Ils montèrent sur une barque de cuir, n'emportant pour toute provision qu'une outre de beurre pour graisser les peaux. Durant sept années, ils vécurent ainsi sur leur barque, abandonnant à Dieu la voile et le gouvernail, et ne s'arrêtant que pour célébrer les fêtes de Noël et de Pâques, sur le dos du roi des poissons, Jasconius. Chaque pas de cette odyssée monacale est une merveille ; chaque île est un monastère où les bizarreries d'une nature fantastique répondent aux étrangetés d'une vie tout idéale. Ici, c'est l'île des Brebis, où ces animaux se gouvernent eux-mêmes selon leurs propres lois ; ailleurs, le paradis des oiseaux, où la race ailée vit selon la règle des religieux, chantant matines et laudes aux heures canoniques ; Brandan et ses compagnons y célèbrent la pâque avec les oiseaux, et y restent cinquante jours, nourris uniquement du chant de leurs hôtes ; ailleurs, l'île Délicieuse, idéal de la vie monastique au milieu des flots. Aucune nécessité matérielle ne s'y fait sentir ;

---

grés. Les légendes bretonnes de saint Malo, de saint David, de saint Pol de Léon, sont remplies de pérégrinations analogues vers des îles lointaines de l'Occident (NDA).

[19] Voir sur ce sujet les belles recherches de M. A. de Humboldt dans son *Histoire de la Géographie du Nouveau-Continent*, t. II (NDA).

les lampes s'allument d'elles-mêmes pour les offices et ne se consument jamais : c'est une lumière spirituelle ; un silence absolu règne dans toute l'île ; chacun sait au juste quand il mourra ; on n'y ressent ni froid, ni chaud, ni tristesse, ni maladie de corps ou d'esprit. Tout cela dure depuis saint Patrice, qui l'a réglé ainsi. La terre de promission est plus merveilleuse encore : il y fait un jour perpétuel ; toutes les herbes y ont des fleurs et tous les arbres des fruits. Quelques hommes privilégiés seuls l'ont visitée. À leur retour, on s'en aperçoit au parfum que leurs vêtements gardent pendant quarante jours.

Au milieu de ces rêves apparaît avec une surprenante vérité le sentiment pittoresque des navigations polaires : la transparence de la mer, les aspects des banquises et des îles de glace fondant au soleil, les phénomènes volcaniques de l'Islande, les jeux des cétacés, la physionomie si caractérisée des fiords de la Norvège, les brumes subites, la mer calme comme du lait, les îles vertes couronnées d'herbes qui retombent dans les flots. Cette nature fantastique créée tout exprès pour une autre humanité, cette topographie étrange, à la fois éblouissante de fiction et parlante de réalité, font du poème de saint Brandan une des plus étonnantes créations de l'esprit humain et l'expression la plus complète de l'idéal celtique. Tout y est beau, pur, innocent —jamais regard si bienveillant et si doux n'a été jeté sur le monde— ; pas une idée cruelle, pas une trace de faiblesse ou de repentir. C'est le monde vu à travers le cristal d'une conscience sans tache : on dirait une nature humaine comme la voulait Pélage, qui n'aurait point péché. Les animaux eux-mêmes participent à cette douceur universelle. Le mal apparaît sous la forme de monstres errants sur la mer, ou de cyclopes relégués dans des îles volcaniques ; mais Dieu les détruit les uns par les autres, et ne leur permet pas de nuire aux bons.

Nous venons de voir comment autour de la légende d'un moine l'imagination irlandaise groupa tout un cycle de mythes physiques et maritimes. Le purgatoire de saint Patrice devint le cadre d'une autre série de fables embrassant toutes les idées celtiques sur l'autre vie et ses états divers[20].

L'instinct le plus profond peut-être des peuples celtiques, c'est le désir de pénétrer l'inconnu. En face de la mer, ils veulent savoir ce qu'il y a au-delà ; ils rêvent la terre de promission. En face de l'inconnu de la tombe, ils rêvent ce grand voyage qui, sous la plume de Dante, est arrivé à une popularité si universelle. La légende raconte que, saint Patrice prêchant aux Irlandais le paradis et l'enfer,

---

[20] Voir l'excellente dissertation de M. Th. Wright, *Saint Patrick's Purgatory* (London, 1844) ; les Bollandistes, à la date du 17 mai ; Gœrres, *Mystique chrétienne*, t. III, et surtout le drame de Calderon, le *Puits de saint Patrice* (NDA).

ceux-ci lui avouèrent qu'ils se tiendraient plus assurés de la réalité de ces lieux, s'il voulait permettre qu'un des leurs y descendît, et vînt ensuite leur en donner des nouvelles. Patrice y consentit. On creusa une fosse par laquelle un Irlandais entreprit le voyage souterrain. D'autres voulurent après lui tenter l'aventure. On descendait dans le trou avec la permission de l'abbé du monastère voisin, on traversait les tourments de l'enfer et du purgatoire, puis chacun racontait ce qu'il avait vu. Quelques-uns n'en sortaient pas ; ceux qui en sortaient ne riaient plus et ne pouvaient désormais prendre part à aucune gaieté. Le chevalier Owenn y descendit en 1153, et fit une relation de son voyage qui eut un succès prodigieux. D'autres disaient que quand saint Patrice chassa les gobelins (esprits follets) de l'Irlande, il fut fort tourmenté en cet endroit, durant quarante jours, par des légions d'oiseaux noirs. Les Irlandais y allaient et éprouvaient les mêmes assauts, qui leur valaient pour le purgatoire. Suivant le récit de Girault de Cambrie, l'île qui servait de théâtre à cette superstition bizarre était divisée en deux parties ; l'une appartenait aux moines, l'autre était occupée par des cacodémons qui y faisaient la procession à leur manière avec un vacarme infernal. Quelques personnes, pour l'expiation de leurs péchés, s'exposaient volontairement dès cette vie à la fureur de ces êtres méchants. Il y avait neuf fosses où l'on se couchait la nuit, et où l'on était tourmenté de mille manières. Il fallait pour y descendre la permission de l'évêque. Celui-ci devait détourner le pénitent de tenter l'aventure et lui exposer combien de gens y étaient entrés qui n'en étaient jamais sortis. S'il persistait, on le conduisait au trou en cérémonie. On le descendait au moyen d'une corde, avec un pain et une écuelle d'eau, pour le réconforter dans le combat qu'il allait livrer au démon. Le lendemain matin, le sacriste tendait de nouveau une corde au patient. S'il remontait, on le reconduisait à l'église avec la croix et en chantant des psaumes. Si on ne le retrouvait pas, le sacriste fermait la porte et s'en allait.

Dans des temps plus modernes, la visite aux îles sacrées durait neuf jours. On y passait sur une barque creusée dans un tronc d'arbre ; on buvait de l'eau du lac une fois par jour ; on faisait des processions et des stations dans les lits ou cellules des saints[21]. Le neuvième jour, les pénitents entraient dans le puits. On les prêchait, on les avertissait du danger qu'ils allaient courir, et on leur racontait de terribles exemples. Ils pardonnaient à leurs ennemis et se faisaient leurs derniers adieux les uns aux autres, comme s'ils étaient à l'agonie. Le puits, selon les récits

---

[21] On trouve l'analogue de ceci dans les penity ou cellules des saints de Bretagne du VIe et du VIIe siècle ; mais il faut observer que la plupart de ces saints étaient Irlandais, et qu'ils auront probablement apporté avec eux l'idée de leur purgatoire (NDA).

contemporains, était un four bas et étroit où l'on entrait neuf par neuf, et où les pénitents passaient un jour et une nuit entassés et serrés les uns contre les autres. La croyance populaire creusa au-dessous un gouffre pour engloutir les indignes et ceux qui ne croyaient pas. Au sortir du puits, on allait se baigner dans le lac, et ainsi l'on avait accompli son purgatoire. Il résulte du rapport de témoins oculaires qu'aujourd'hui encore les choses se passent à peu près de la même façon.

L'immense réputation du purgatoire de saint Patrice remplit tout le moyen âge. Les prédicateurs en appelaient à la notoriété publique de ce grand fait contre ceux qui doutaient du purgatoire. En l'an 1358, Edouard III donne à un noble hongrois, venu tout exprès de Hongrie pour visiter le puits mystérieux, des lettres patentes attestant qu'il avait fait son purgatoire. Les relations de ces voyages d'outre-tombe devinrent un genre de littérature fort à la mode, et ce qu'il importe de remarquer, c'est la physionomie toute mythologique et aussi toute celtique qui y domine. Il est évident en effet que nous avons ici affaire à un mystère ou culte local antérieur au christianisme, et fondé probablement sur l'aspect physique du pays. L'idée du purgatoire, dans sa forme concrète et arrêtée, fit surtout fortune chez les Bretons et les Irlandais. Bède est l'un des premiers qui en parlent d'une manière caractérisée, et le savant M. Th. Wright fait observer avec raison que presque toutes les visions du purgatoire viennent d'Irlandais ou d'Anglo-Saxons qui ont résidé en Irlande, tels que saint Fursy, Tundale, le Northumbrien Drihthelm, le chevalier Owenn. Il est remarquable aussi que les Irlandais seuls pouvaient voir les merveilles de leur purgatoire. Un chanoine d'Emsteede en Hollande, qui y descendit en 1494, ne vit rien du tout. Evidemment cette idée de pérégrinations dans l'autre monde et des catégories infernales est celtique.

La croyance aux trois cercles d'existence à parcourir après la mort se retrouve dans les *Triades* avec une physionomie qui ne permet pas d'y voir une interpolation chrétienne. Les voyages de l'âme dans l'autre vie sont aussi le thème favori des plus anciennes poésies armoricaines. Un des traits par lesquels les races celtiques frappent le plus les Romains, ce fut la précision de leurs idées sur la vie future, leur penchant pour le suicide, les prêts et les contrats qu'ils signaient en vue de l'autre monde. Les peuples plus légers du Midi voyaient avec terreur dans cette assurance le fait d'une race mystérieuse, ayant le sens de l'avenir et le secret de la mort.

L'ÂME CELTE

Toute l'antiquité classique est pleine de la tradition d'une île des ombres, située aux extrémités de la Bretagne, et d'un peuple voué au passage des âmes, qui habite le littoral voisin. La nuit, ils entendent les morts rôder autour de leur cabane et frapper à leur porte. Ils se lèvent alors, leur barque se charge d'êtres invisibles; au retour, elle est plus légère. Plusieurs de ces traits feraient croire que la renommée des mythes de l'Irlande pénétra vers le I^e ou le IIe siècle, dans l'antiquité classique[23]. On ne saurait douter du moins, après les belles recherches de MM. Ozanam, Ch. Labitte, Th. Wright, qu'au nombre des thèmes poétiques dont l'Europe est redevable au génie des Celtes, il faut compter le cadre de la Divine Comédie.

On conçoit que cet invincible attrait pour les faibles ait dû fort discréditer la race celtique auprès des nations qui se croyaient plus sérieuses. Chose étrange en effet, tout le moyen âge, en subissant l'influence de l'imagination celtique et en empruntant à la Bretagne et à l'Irlande une moitié au moins de ses sujets poétiques, se crut obligé, pour sauver son honneur, de décrier et de plaisanter le peuple auquel il les devait. C'est bien à Chrétien de Troyes, par exemple, qui passa sa vie à exploiter pour son propre compte les romans bretons, qu'il appartient de dire:

« Les Gallois sont tous par nature
« Plus sots que bêtes de pâture. »

Ces belles créations, dont le monde entier devait vivre, je ne sais quel chroniqueur anglais crut faire un charmant calembour en les appelant les niaiseries dont s'amusent les brutes de Bretons. Ces admirables légendes religieuses, auxquelles nulle autre Église n'a rien à comparer, les Bollandistes devaient les exclure de leur recueil comme des extravagances apocryphes. Le penchant décidé de la race celtique vers l'idéal, sa tristesse, sa fidélité, sa bonne foi, la firent regarder par ses voisins comme lourde, sotte, fabuleuse. On ne sut pas comprendre sa délicatesse et sa fine manière de sentir. On prit pour de la gaucherie l'embarras qu'éprouvent les natures sincères et sans replis devant les natures plus raffinées. Ce fut bien pis encore quand la nation la plus fière de son bon sens, se trouva vis-à-vis du peuple qui en est malheureusement le plus dépourvu. La pauvre Irlande, avec sa vieille mythologie, avec son purgatoire de saint Patrice et ses voyages fantastiques de saint Brandan, ne devait pas trouver grâce devant le puritanisme

---

[23] Voir sur ce sujet les vues ingénieuses de M. F.-G. Welcker, *Kleine Schriften*, 2e part., p. 19 et suiv.

anglican. Il faut voir le dédain des critiques anglais pour ces fables, et leur superbe pitié pour l'Eglise qui pactise avec le paganisme au point de conserver des pratiques qui en découlent d'une manière si notoire.

Assurément voilà un zèle louable et qui part d'un bon naturel ; cependant, quand ces imaginations ne seraient bonnes qu'à rendre un peu plus supportables bien des souffrances, pour lesquelles on déclare n'avoir point de remède, ce serait déjà quelque chose. Qui osera dire où est ici-bas la limite de la raison et du songe ? Lequel vaut mieux des instincts imaginatifs de l'homme ou d'une orthodoxie étroite qui prétend rester sensée en parlant des choses divines ? Pour moi, je préfère la franche mythologie, avec ses égarements, à une théologie si mesquine, si vulgaire, si incolore, que ce serait faire injure à Dieu de croire qu'après avoir fait le monde visible si beau, il eût fait le monde invisible si platement raisonnable.

En présence des progrès de plus en plus envahissants d'une civilisation qui n'est d'aucun pays, et ne peut recevoir d'autre nom que celui de moderne ou européenne, il serait puéril d'espérer que la race celtique arrive dans l'avenir à une nouvelle expression de son originalité. Et pourtant nous sommes loin de croire que cette race ait dit son dernier mot. Après avoir usé toutes les chevaleries dévotes et mondaines, couru avec Pérédur le saint Graal et les belles, rêvé avec saint Brandan de mystiques Atlantides, qui sait ce qu'elle produirait dans le domaine de l'intelligence, si elle s'enhardissait à faire son entrée dans le monde, et si elle assujettissait aux conditions de la pensée moderne sa riche et profonde nature ? Il me semble que de cette combinaison sortiraient des produits fort originaux, une manière fine et discrète de prendre la vie, un mélange singulier de force et de faiblesse, de rudesse et de douceur.

Peu de races ont eu une enfance poétique aussi complète : mythologie, lyrisme, épopée, imagination romanesque, enthousiasme religieux, rien n'a manqué aux Celtes ; pourquoi la réflexion leur manquerait-elle ? L'Allemagne, qui avait commencé par la science et la critique, a fini par la poésie ; pourquoi les races celtiques, qui ont commencé par la poésie, ne finiraient-elles pas par la critique ? De l'une à l'autre, il n'y a pas si loin qu'on le suppose ; les races poétiques sont les races philosophiques, et la philosophie n'est au fond qu'une manière de poésie comme une autre. Quand on songe que l'Allemagne a trouvé, il y a moins d'un siècle, la révélation de son génie, qu'une foule d'individualités nationales qui semblaient effacées se sont relevées tout à coup de nos jours plus vivantes que jamais, on se persuade qu'il est téméraire de poser une loi aux intermittences et au réveil des races, et que la civilisation moderne, qui semblait faite pour les absorber, ne sera peut-être que leur commun épanouissement.